甘薯营养成分与功效科普丛书

甘薯渣不是"渣"

木泰华　马梦梅　编著

科学出版社
北京

内 容 简 介

　　甘薯渣中含有丰富的蛋白质、膳食纤维、果胶、寡糖等多种功能成分，可广泛应用于食品、保健品、医药及化工行业中，市场前景广阔。本书对甘薯渣的基本成分及营养价值进行概述，并对甘薯渣在高纤甘薯复配粉、酒制品、柠檬酸钙等生产加工技术及应用方面进行了生动详细的介绍，从而为我国甘薯资源的精深加工与综合利用提供技术支持，这对于促进甘薯加工业的良性循环及产业结构升级具有重要的意义。

　　本书可供科研院校食品工艺学相关专业的本科生、研究生，相关研究领域的专家、企业研发人员，以及其他爱好、关注食品工艺学的读者参考。

图书在版编目（CIP）数据

　　甘薯渣不是"渣" / 木泰华，马梦梅编著 . — 北京：科学出版社，2019.1

　　（甘薯营养成分与功效科普丛书）

　　ISBN 978-7-03-059381-8

　　Ⅰ . ①甘… 　Ⅱ . ①木… ②马… 　Ⅲ . ①甘薯 – 果渣 – 介绍　Ⅳ . ① S531

中国版本图书馆 CIP 数据核字（2018）第 252181 号

责任编辑：贾　超　李丽娇 / 责任校对：杨　赛
责任印制：肖　兴 / 封面设计：东方人华

科学出版社 出版
北京东黄城根北街 16 号
邮政编码：100717
http://www.sciencep.com

北京汇瑞嘉合文化发展有限公司 印刷
科学出版社发行　各地新华书店经销
*

2019 年 1 月第 一 版　开本：890 × 1240　1/32
2019 年 1 月第 二次印刷　印张：1 3/4
字数：50 000
定价：39.80 元
（如有印装质量问题，我社负责调换）

作 者 简 介

木泰华 男，1964 年 3 月生，博士，博士研究生导师，研究员，中国农业科学院农产品加工研究所薯类加工创新团队首席科学家，国家甘薯产业技术体系产后加工研究室岗位科学家。担任中国淀粉工业协会甘薯淀粉专业委员会会长、欧盟"地平线 2020"项目评委、《淀粉与淀粉糖》编委、《粮油学报》编委、*Journal of Food Science and Nutrition Therapy* 编委、《农产品加工》编委等职。

1998 年毕业于日本东京农工大学联合农学研究科生物资源利用学科生物工学专业，获农学博士学位。1999 年至 2003 年先后在法国 Montpellier 第二大学食品科学与生物技术研究室及荷兰 Wageningen 大学食品化学研究室从事科研工作。2003 年 9 月回国，组建了薯类加工团队。主要研究领域：薯类加工适宜性评价与专用品种筛选；薯类淀粉及其衍生产品加工；薯类加工副产物综合利用；薯类功效成分提取及作用机制；薯类主食产品加工工艺及质量控制；薯类休闲食品加工工艺及质量控制；超高压技术在薯类加工中的应用。

近年来主持或参加国家重点研发计划项目 - 政府间国际科技创新合作重点专项、"863"计划、"十一五""十二五"国家科技支撑计划、国家自然科学基金项目、公益性行业（农业）科研专项、现代农业产业技术体系建设专项、科技部科研院所技术开发研究专项、科技部农业科技成果转化资金项目、"948"计划等项目或课题 68 项。

相关成果获省部级一等奖 2 项、二等奖 3 项，社会力量奖一等奖 4 项、二等奖 2 项，中国专利优秀奖 2 项；发表学术论文 161 篇，其中 SCI 收录 98 篇；出版专著 13 部，参编英文著作 3 部；获授权国家发明专利 49 项；制定《食用甘薯淀粉》等国家 / 行业标准 2 项。

马梦梅 女，1988年10月生，博士，助理研究员。2011年毕业于青岛农业大学食品科学与工程学院，获工学学士学位；2016年毕业于中国农业科学院研究生院，获农学博士学位。2016年毕业后在中国农业科学院农产品加工研究所工作。目前主要从事薯类精深加工及副产物综合利用、薯类主食加工技术等方面的研究工作。参与农业部948计划、国际合作与交流项目、甘肃省高层次人才科技创新创业扶持行动等项目，先后在 *Food Chemistry*、*Carbohydrate Polymers*、*Journal of Functional Foods* 和《中国食品学报》、《食品工业科技》等杂志上发表多篇论文。

前　言

P R E F A C E

　　甘薯俗称红薯、白薯、地瓜、番薯、红芋、红苕等，是旋花科一年生或多年生草本植物，原产于拉丁美洲，明代万历年间传入我国，至今已有 400 多年栽培历史。甘薯栽培具有低投入、高产出、耐干旱和耐瘠薄等特点，是仅次于水稻、小麦、玉米和马铃薯的重要粮食作物。在我国，甘薯主要用于制备淀粉及其制品，如粉丝和粉条。在甘薯淀粉生产过程中会产生大量的薯渣等副产物。研究表明，甘薯渣中含有蛋白质、膳食纤维、维生素、矿物质等营养与功能成分，而脂肪含量很低，对调节人体机能有着重要作用。但是，甘薯渣往往被作为废弃物直接丢弃，优质资源未得到充分利用。如何使甘薯渣"变废为宝"是促进甘薯加工业良性循环及产业结构升级的重要课题。

　　2003 年，笔者在荷兰与瓦赫宁根（Wageningen）大学食品化学研究室 Harry Gruppen 教授合作完成了一个薯类保健特性方面的研究项目。回国后，怀着对薯类研究的浓厚兴趣，笔者带领团队成员对甘薯加工与综合利用开展了较深入的研究。十余年来，笔者团队承担了"国家现代农业（甘薯）产业技术体系建设专项""国家科技支撑计划专题——甘薯加工适宜性评价与专用品种筛选""甘薯深加工关键技术研究与产业化示范""农产品加工副产物高值化利用技术引进与利用""中国农业科学院基本科研业务费专项""国家重点研发计划项目——政府间国际科技创新合作重点专项：薯类淀粉加工副产物的综合利用"等项目或课题，攻克了一批关键技术，取得了一批科研成果，培养了一批技术人才。

编写本书的目的主要是从再加工利用的角度向大家详细介绍甘薯渣在高纤甘薯复配粉、酒制品、柠檬酸钙加工中的应用，以通俗易懂的语言让大家了解甘薯渣的妙用，不再认为甘薯渣只是废弃物。此举将会极大地改变甘薯加工的现状，对相关产业的转型升级与实现可持续发展有着非凡的意义。

限于作者的专业水平，加之时间相对仓促，书中不妥之处在所难免，敬请广大读者提出宝贵意见及建议。

木泰华

2019 年元月

目　　录

C O N T E N T S

一、甘薯渣

1. 什么是甘薯渣?

　　我国甘薯资源十分丰富，据联合国粮食及农业组织（Food and Agriculture Organization of the United Nations，FAO） 统 计， 2016 年我国甘薯产量达 0.71 亿吨，占世界甘薯产量的 67%，居世界首位。甘薯主要用于生产淀粉及其衍生制品，如粉丝、粉条等。甘薯渣是甘薯淀粉加工过程中的主要副产物，是新鲜甘薯经过清洗、磋磨、打浆、浆渣分离等步骤后形成的。据统计，每生产 1 吨淀粉会产生 6~7 吨湿薯渣，但是，甘薯渣除了极少的一部分被作为饲料廉价出售之外，大部分被随意丢弃，造成严重的资源浪费和环境污染。因此，正确地认识和利用甘薯渣，使之变废为宝，是目前急需解决的关键问题。

2. 甘薯渣中的营养成分

甘薯渣主要由薯皮细胞或细胞残片、残余的淀粉颗粒及水组成，但是甘薯渣并不像大家认为的毫无价值，相反，甘薯渣中含有大量的淀粉、蛋白质、膳食纤维、维生素、矿物质等营养成分。以 10 个常见淀粉加工型甘薯品种为例，甘薯品种不同，所得甘薯渣中的营养成分也不尽相同（表 1）。

表 1　甘薯渣的营养成分（干重）

成分名称	含量
水分	2.41~5.71g/100g
淀粉	46.33~55.54g/100g
灰分	1.41~2.19g/100g
蛋白质	2.16~3.98g/100g
脂肪	0.18~0.47g/100g
总糖	2.66~8.98g/100g
总膳食纤维	20.63~31.48g/100g
不溶性膳食纤维	14.77~23.47g/100g
可溶性膳食纤维	5.87~9.00g/100g
钠	50.01~142.06mg/100g
镁	80.20~139.77mg/100g
钾	196.39~531.29mg/100g
钙	190.70~405.82mg/100g
铁	781.82~1817.69μg/100g
锌	308.25~535.12μg/100g
铜	127.03~209.04μg/100g
硒	3.24~5.69μg/100g
钼	8.58~28.52μg/100g

成分名称	含量
钴	0.23~0.57μg/100g
维生素 B_1	0.04~0.29mg/100g
维生素 B_2	0.06~0.13mg/100g
维生素 B_3	0.34~0.57mg/100g
维生素 C	2.00~7.86mg/100g

注：数据来自 10 个常用的淀粉加工型甘薯品种

通过表 1 可以看出，甘薯渣中的淀粉含量最高，平均为 50.99g/100g，与工业淀粉生产设备相比，实验室条件下淀粉提取率偏低，导致甘薯渣中残余的淀粉含量略高。

膳食纤维也是甘薯渣的重要成分之一，甘薯渣中膳食纤维的平均含量为 24.63g/100g，其中，不溶性膳食纤维的平均含量为 17.29g/100g，可溶性膳食纤维的平均含量为 7.34g/100g。世界卫生组织、美国食品药品监督管理局等食品机构推荐每人每日膳食纤维的摄入量为 20~38g，国际食品法典委员会认为膳食纤维含量超过 6g/100g 就可以认为是"高膳食纤维含量的食品"，因此，可将甘薯渣看作膳食纤维含量较高的食物。

此外，甘薯渣中也含有一定量的总糖、蛋白质、灰分和脂质。10 个品种甘薯渣的总糖含量为 2.66~8.98g/100g，蛋白质含量为 2.16~3.98g/100g，灰分含量为 1.41~2.19g/100g，脂肪含量为 0.18~0.47g/100g。

甘薯渣中矿物质元素的含量十分丰富，可分为常量元素和微量元素。甘薯渣中的常量元素主要有钾、钙、钠、镁等。10 个品种的甘薯渣中钾、钙、钠、镁的含量范围分别为 196.39~531.29mg/100g、190.70~405.82mg/100g、50.01~142.06mg/100g 和 80.20~139.77mg/100g。甘薯渣中的微量元素主要有铁、铜、锌、硒等。

10 个品种的甘薯渣中铁、铜、锌、硒的含量范围分别为 781.82~
1817.69 μg/100g、127.03~209.04 μg/100g、308.25~535.12 μg/100g 和
3.24~5.69 μg/100g。

甘薯渣中也含有丰富的维生素 B_1、维生素 B_2、维生素 B_3
和维生素 C。10 个品种的甘薯渣中维生素 B_1 的含量范围为
0.04~0.29mg/100g，维生素 B_2 的含量范围为 0.06~0.13mg/100g，
维生素 B_3 的含量范围为 0.34~0.57mg/100g，维生素 C 的含量范围
为 2.00~7.86mg/100g。

3. 甘薯渣的保健功效

(1) 甘薯渣中膳食纤维的保健功效

甘薯渣含有 20%~30% 的膳食纤维，其中，纤维素占膳食纤维
总量的 35%~40%，半纤维素约占 15%，木质素占 20%~30%，果胶
占 10%~25%。甘薯膳食纤维呈多孔疏松的网状结构，因此具有很强
的持水能力和吸水膨胀能力，并可
以作为热量替代物。如果按一定比
例将其添加到米面制品中，可增强
饱腹感，抑制食欲，减少机体对营
养素和热量的摄入，抑制肥胖。此
外，甘薯膳食纤维在大肠内经细菌
发酵，直接吸收膳食纤维中的水分，

再也不用担心便秘了

扩大了结肠容积,使大便变软,产生通便作用。

甘薯膳食纤维中的可溶性组分具有很高的黏性,可以在肠道中吸收大量的水分,进而作为肠道微生物发酵的底物,促进肠道中益生菌的活化,起到增加益生菌含量、减少有害菌含量、调节肠道菌群平衡、清理肠道毒素、促进肠道健康的作用。

由于甘薯膳食纤维分子量较大、黏性较强,可以束缚胆酸、胆汁酸及其盐类物质,并可以截留肠道中的葡萄糖分子,延缓其向血液中的扩散,减少体内胆固醇、葡萄糖的含量,从而可以很好地改善长期摄入精制米面引起的高血糖、高血脂、高血压等"现代文明病"。此外,甘薯膳食纤维中包含一些有可能发挥一种类似于弱酸性离子交换树脂的作用的基团,进而影响到人体内某些矿物质元素,尤其是重金属元素的代谢;膳食纤维有刺激肠蠕动的作用,使致癌物质与肠壁接触时间大大缩短,从而使有毒物

质迅速排出体外,对预防结肠癌和直肠癌大有益处。

(2) 甘薯渣中蛋白质的保健功效

甘薯渣中蛋白质由 18 种氨基酸组成,其中必需氨基酸含量为 12.99%~25.22%,占氨基酸总量的 33%~40%,高于 FAO/WHO 推

荐必需氨基酸的模式值（32%），因此是一
种优质蛋白质。此外，甘薯蛋白质的生物学
价值很高。研究表明，人类可以只依靠甘薯
氮素来维持机体的氮素平衡；且其蛋白质效
能比与酪蛋白相当；甘薯蛋白质的消化率很
高，是一种优质的蛋白质，能满足人体的营
养需求。此外，甘薯蛋白质也具有很好的生
理活性，可以抑制前脂肪细胞的分化与增殖，

防止脂肪的过度积累，有效避免肥胖症的发生；可以抑制结肠癌细
胞的增殖、浸润与转移，对预防和改善结肠癌具有一定的作用。

　　另外，还可以利用不同的蛋白酶，如碱性蛋白酶、风味蛋白酶
和酸性蛋白酶等对甘薯蛋白质进行酶解，制备不同分子量的甘薯肽。
甘薯肽更易被机体吸收，且具有抗癌、抗氧化、降血压、抗衰老、
增强机体免疫力等保健功效。

（3）甘薯渣中矿物质的保健功效

　　甘薯渣中富含 K、Na、Ca、Mg 等常量矿物质元素。K 是蛋白
质合成、能量转化和肌肉等储能过程中多种酶的辅助因子，在肌肉
收缩、神经冲动和血压调节等方面起着重要作用。Na 在调节血压和
细胞外液的流量等方面有重要作用，并且对神经系统和肌肉有着重
要的调节作用，然而，Na 摄入量过高会导致高血压、肾病甚至心力
衰竭。高 Na 和低 K 摄入可以缓和高血压等症状，因此钠钾比（Na/K）
可以作为一种膳食评估指标。WHO 推荐的 Na/K 为 1:1（摩尔比），
甘薯渣的 Na/K 更接近 WHO 的推荐值。Ca 是人体中含量最高的矿
物质元素，是骨骼和牙齿的重要成分。此外，Ca 在肌肉收缩、神经
系统功能、血管收缩以及激素和酶分泌等方面起着重要作用。Mg 是

人体中第四大矿物质元素，被认为是体内超过 300 多种代谢反应的辅助因子，在调节心脏兴奋性、神经传导、葡萄糖胰岛代谢以及预防中风、高血压、冠心病和 II 型糖尿病等方面起着重要作用。

同时，甘薯渣中也含有 Fe、Zn、Cu、Se 等微量矿物质元素。Fe 在人体中主要以血红素蛋白的形式存在，如血红蛋白和肌红蛋白。缺铁被认为在引起疾病的因素中排在第六位，Fe 的日参考摄入量（reference daily intake，RDI）为男性 8mg/ 天，女性 18mg/ 天。Zn 是人体中必需的微量元素，在儿童生长发育和遗传等方面起着重要作用。缺 Zn 会导致生长缓慢、细胞介导免疫功能紊乱和认知障碍，在贫困国家中被列为引起疾病的第五大诱因，世界上有三分之一的人口受到缺锌的影响。Zn 的 RDI 为男性 11mg/ 天，女性 8mg/ 天。Cu 是人体健康必不可少的微量营养素，对血压、免疫系统、中枢神经系统以及头发、皮肤、骨骼、大脑、内脏等发育有着重要作用，在血液中，Cu 可以促进机体对 Fe 的吸收，从而促进血红素的形成，提高机体活力。Se 被科学家称为人体微量元素中的"抗癌之王"，能够清除体内自由基和胆固醇、排除体内毒素、抑制过氧化脂质的产生、增强人体免疫功能、降低血糖和尿糖、防治心脑血管疾病等。

(4) 甘薯渣中维生素的保健功效

甘薯渣含有丰富的维生素 B_1、维生素 B_2、维生素 B_3 和维生素 C，可以补充单一摄入米面而导致的维生素缺乏。维生素 B_1 的缺乏，会损伤心血管和神经系统，导致末梢神经炎及心脏功能失调等症状，并引发韦尼克-科尔萨科夫综合征（Wernicke-Korsakoff syndrome）等神经系统疾病。维生素 B_2 可预防贫血，促进生长发育，保护眼睛和皮肤健康，抑制口腔溃疡等。维生素 B_3 包括尼克酸（NA）和尼克酰胺（NAM），在体内可由色氨酸转化而来，其缺乏可能会导致癞皮病。维生素 C 可防治坏血病，刺激造血机能，防止动脉粥样硬化，降低患癌症的风险，清除自由基等，且维生素 C 在日常摄入的米面中是很少或者没有的。

二、甘薯渣在高纤甘薯复配粉加工中的应用

1. 什么是高纤甘薯复配粉？
2. 为什么要把甘薯渣做成高纤甘薯复配粉？
3. 哪些品种的甘薯渣适合加工高纤甘薯复配粉？
4. 甘薯渣怎样加工成高纤甘薯复配粉？
5. 高纤甘薯复配粉的特性与营养
6. 高纤甘薯复配粉的用途

1. 什么是高纤甘薯复配粉?

高纤甘薯复配粉是以生产甘薯淀粉后产生
的湿薯渣为原料，经脱水、干燥、粉碎、筛分、
营养素复配、包装等过程，制备而成的膳食纤
维含量高且营养丰富的白色或乳白色粉末状制
品（图1）。

图1　高纤甘薯复配粉

2. 为什么要把甘薯渣做成高纤甘薯复配粉?

2015 年，我国提出薯类主食化战略，为薯类加工行业提供了新
的机遇和挑战。一方面，将薯类制成常见的主食产品可以解决薯类
加工制品种类单一、资源过剩、仓储困难、资源浪费等问题；另一
方面，将薯类大比例地添加进主食中以实现其粮食作物的价值成为
关键的技术问题。而寻找适合主食加工的原料，也成为解决上述技
术问题的关键点。

目前，薯类主食的加工原料主要为新鲜甘薯或薯泥、甘薯全粉
及甘薯淀粉。其中，新鲜甘薯或薯泥最大限度地保留了其中的营养
成分，但是水分含量高、保存期短，不易储藏及运输，且新鲜甘薯
或薯泥易发生褐变，加工过程不易操作，不适合大规模工业化生产。
而目前的甘薯全粉多为熟粉，在其加工过程中采用了滚筒干燥等工

艺，能耗高、产品营养损失大，且全粉中的淀粉经过高温已经完全发生了糊化，因此在主食制作过程中存在黏度大、成型难、整型难等问题。此外，虽然主食生产过程中加入少量淀粉可以改善面制品的品质，但是淀粉生产成本高、价格昂贵，且营养成分单一、热量较高，因此迫切需要寻找一种合适的原料代替新鲜甘薯、薯泥、甘薯全粉及甘薯淀粉（图2）。

新鲜甘薯　　　　　　　甘薯全粉　　　　　　　甘薯淀粉

图 2　新鲜甘薯、甘薯全粉及甘薯淀粉

　　甘薯渣与甘薯全粉相比，尽管损失了部分淀粉、蛋白质、维生素、矿物质等营养成分，但是通过添加淀粉、蛋白质等营养成分，可以弥补淀粉提取过程中的营养损失。并且，淀粉生产过程中未使用高温工艺，因此产生的甘薯渣中的淀粉未发生糊化，最大限度地保持了原始的加工特性。因此，可将其广泛应用于馒头、面条、米粉、面包、糕点等主食中。

3. 哪些品种的甘薯渣适合加工高纤甘薯复配粉?

大多数人会认为无论是什么甘薯品种,只要是甘薯渣,都可以用来加工高纤甘薯复配粉。但是,不同甘薯品种的甘薯渣做出高纤甘薯复配粉的色泽、物化功能特性、加工特性以及主食产品的感官质量和营养价值会有很大的差别,这主要与甘薯渣的色泽及物化功能特性等有关。例如,有些甘薯渣色泽明亮、营养价值高、加工特性好,而有的甘薯渣色泽明亮,但是营养价值低、加工特性差,或者有的甘薯渣营养价值高、加工特性好,但是色泽发暗。因此,为了生产高品质的高纤甘薯复配粉,需要根据其生产技术要求、产品营养品质评价,对主食加工专用的高纤甘薯复配粉所用的甘薯品种进行筛选和培育(图3)。

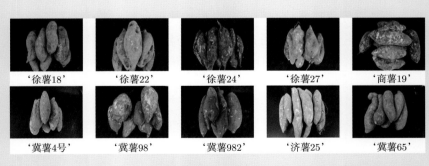

图 3　10 个淀粉加工型甘薯品种

考虑到甘薯渣的营养价值以及加工过程对产品品质的影响,用来加工高纤甘薯复配粉的甘薯品种最好满足干物质含量高、营养价值高、所得甘薯渣粉色泽好等特点。其中,干物质含量和营养价值高主要体现在蛋白质、膳食纤维、淀粉、总糖、矿物质及维生素等含量高，而有害重金属元素含量极低或未检出。甘薯渣粉色泽好主要是指甘薯渣粉的亮度高。因此，我们可以确定蛋白质、膳食纤维、脂肪、维生素、氨基酸、必需常量矿物质元素以及微量矿物质元素的含量与营养价值呈正相关，即越多越好；有害矿物质元素的含量与营养价值呈负相关，即越少越好；同时综合考虑 10 个淀粉加工型甘薯品种的亮度。在此基础上，采用"归一化"处理及灰色理论关联度分析，即得到各品种营养价值和亮度值的综合排序。

10 个淀粉加工型甘薯制备甘薯渣的热图分析（图 4）结果显示，'冀薯 4 号'具有更多的红色区域，主要包括蛋白质、总膳食纤维、脂肪、总糖、维生素 B_1、维生素 B_3、Mg、K、Ca、Co、Cu、Zn，说明该品种的上述指标与理想品种的接近度较高，是其最终排名第一的主要原因。'冀薯 982'的红色区域少于'冀薯 4 号'，主要包括总膳食纤维、维生素 B_2、维生素 B_3、Na、Mg、Fe、Cu、Zn。亮度值（图 5）的结果表明，甘薯渣粉色泽最好的是'商薯 19'，其次是'冀薯 65'、'冀薯 98'和'冀薯 982'，而'冀薯 4 号'和'徐薯 24'的亮度值偏低。若综合考虑干基质量、营养价值及亮度，优选'冀薯 4 号'和'冀薯 982'作为加工高纤甘薯复配粉的品种（表 2）。

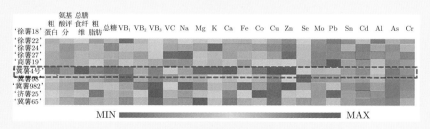

图 4 10 个淀粉加工型甘薯制备甘薯渣的热图分析

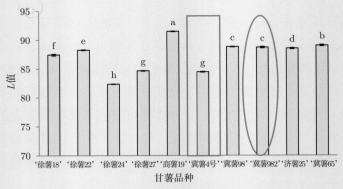

图 5　10 个淀粉加工型甘薯制备甘薯渣的亮度值

a~h 表示不同淀粉加工型甘薯制备甘薯渣亮度值的差异（$P < 0.05$）

表 2　甘薯渣样品与理想品种的加权关联度及排序

甘薯品种	加权关联度	关联度排序
'冀薯 4 号'	0.7632	1
'冀薯 982'	0.7135	2
'济薯 25'	0.6768	3
'冀薯 65'	0.6686	4
'徐薯 24'	0.6614	5
'徐薯 22'	0.6599	6
'徐薯 27'	0.6592	7
'冀薯 98'	0.6572	8
'商薯 19'	0.6026	9
'徐薯 18'	0.5885	10

4.　甘薯渣怎样加工成高纤甘薯复配粉？

　　高纤甘薯复配粉以甘薯渣为原料，经过脱水、干燥、粉碎、筛分后，再与其他来源的淀粉、蛋白质等营养成分按照一定比例进行混合、包装制备而成，为白色或乳白色的粉状脱水制品（图6）。

图6 高纤甘薯复配粉的加工工艺

其中，用于加工高纤甘薯复配粉的淀粉可以是甘薯淀粉、马铃薯淀粉、玉米淀粉、木薯淀粉等，蛋白质可以选择乳清蛋白、酪蛋白、大豆蛋白、全鸡蛋蛋白、蛋清蛋白等，综合考虑产品品质和经济效益，可以优选玉米淀粉和全鸡蛋蛋白粉（图7）。

薯渣粉

食品级全鸡蛋蛋白粉

食品级玉米淀粉

图7 高纤甘薯复配粉的配方

5. 高纤甘薯复配粉的特性与营养

(1) 高纤甘薯复配粉的色泽

由于传统文化等因素的影响，消费者往往期望颜色较白的主食产品，因此，亮度值是主食加工原料色泽最重要的指标。从小麦粉、甘薯全粉、甘薯渣粉及高纤甘薯复配粉的样品照片可以看出，传统主食原料小麦粉的亮度最高；而市售甘薯全粉的亮度是最低的；甘薯渣粉的亮度明显高于市售甘薯全粉，但是低于小麦粉；通过添加颜色较白的玉米淀粉制备成高纤甘薯复配粉后，其亮度显著提高，与小麦粉较为接近（图8）。

小麦粉　　　　　甘薯全粉　　　　　甘薯渣粉　　　　高纤甘薯复配粉

图8　小麦粉、甘薯全粉、甘薯渣粉及高纤甘薯复配粉样品照片

(2) 高纤甘薯复配粉的营养与功效成分

高纤甘薯复配粉中的淀粉、蛋白质含量与甘薯全粉接近，略低于小麦粉；总糖含量较少，低于小麦粉、甘薯全粉和甘薯渣粉；而总膳食纤维、不溶性膳食纤维和可溶性膳食纤维含量显著高于甘薯

全粉与小麦粉（表3）。

表3 小麦粉、甘薯全粉、甘薯渣粉、高纤甘薯复配粉的营养成分（g/100g，干基）

成分名称	小麦粉	甘薯全粉	甘薯渣粉	高纤甘薯复配粉
淀粉	71.96	54.22	47.80	62.30
灰分	0.52	2.38	1.80	1.95
蛋白质	12.77	5.57	2.59	5.47
脂肪	0.83	0.43	0.32	0.46
总糖	5.82	20.18	6.16	5.23
总膳食纤维	0.49	5.07	28.18	13.92
不溶性膳食纤维	0.46	4.64	19.48	9.27
可溶性膳食纤维	0.02	0.47	9.00	4.65

(3) 高纤甘薯复配粉的物化特性

粉质样品的物化特性主要包括持水能力、持油能力、溶解度及膨胀势。高纤甘薯复配粉的持水能力明显低于甘薯全粉和甘薯渣粉，但高于小麦粉；四种粉质样品的持油能力范围为 0.78~1.17g 油 /g 样品，差异不明显；高纤甘薯复配粉的溶解度与甘薯渣粉相似，显著低于甘薯全粉，但高于小麦粉；膨胀势可以反映粉质样品蒸煮后吸水量的大小，可以看出，甘薯渣粉的膨胀势最高，高纤甘薯复配粉、小麦粉与甘薯全粉的膨胀势相似（表4）。

表4 小麦粉、甘薯全粉、甘薯渣粉、高纤甘薯复配粉的物化特性

物化特性	小麦粉	甘薯全粉	甘薯渣粉	高纤甘薯复配粉
持水能力 /（g 水 /g 样品）	1.12	4.24	3.42	2.13
持油能力 /（g 油 /g 样品）	1.04	0.78	1.17	0.96
溶解度 /%	12.13	39.78	16.28	16.35
膨胀势 /（g 水 /g 样品）	6.56	5.79	8.13	5.63

(4) 高纤甘薯复配粉的粉质特性

将甘薯全粉、高纤甘薯复配粉与小麦粉以 3:7 比例混合制备成面团，并与 100% 小麦粉面团进行粉质特性的比较（表5）。添加 30% 高纤甘薯复配粉后，面团的稳定时间高于 100% 小麦粉面团和 30% 甘薯全粉面团，这说明该面团的筋力强，可以抵制面筋过早断裂和面团塌陷，面团韧性好、可揉捏性强。此外，与 100% 小麦粉面团及 30% 甘薯全粉面团相比，30% 高纤甘薯复配粉面团的弱化度降低，这也进一步说明面团韧性好、可揉捏性强。上述结果说明高纤甘薯复配粉面团的粉质特性优于甘薯全粉面团。

表5　小麦粉、甘薯全粉、甘薯渣粉、高纤甘薯复配粉的粉质特性

粉质参数	100% 小麦粉面团	30% 甘薯全粉面团	30% 高纤甘薯复配粉面团
吸水率[a]/%	60.5	87.6	68
面团形成时间[b]/min	3.0	4.2	3.0
面团稳定时间[c]/min	2.9	2.3	4.7
弱化度[d]/FU	99	273	79
粉质评价值	42	53	61

a. 吸水率：吸水率反映的是面团阻力达到 500FU 时的加水量，以 14% 湿基面粉的质量百分数表示。

b. 面团形成时间：指样品开始加水到面团达到最大稠度所需的时间。

c. 面团稳定时间：指粉质曲线首次达到 500FU 和离开 500FU 之间的时间，该指标可以反映面团的耐机械剪切能力。

d. 弱化度：指面团达到最大稠度时粉质曲线的中心与之后 12min 曲线中心的差值，反映出面团在一定机械剪切力下被破坏的速率

6. 高纤甘薯复配粉的用途

　　高纤甘薯复配粉用途广泛，可与小麦粉、玉米粉、大米粉、小米粉等谷物粉以各种比例混合，加工馒头、面条、米粉、花卷、饼干、面包、蛋糕及各种点心等。此外，也可以单独使用，用来生产无谷朊蛋白主食及休闲食品。例如，与100%小麦馒头相比，添加30%高纤甘薯复配粉的馒头的体积与小麦馒头的体积相似，硬度略高，但膳食纤维含量及香气物质组分更多，且热量更低、更符合人体健康需求。

馒头　　　　　　　面条　　　　　　　米粉

丝糕　　　　　　　花卷　　　　　　　饼干

蛋糕　　　　　　　面包　　　　　　　点心

三、甘薯渣在酒制品加工中的应用

1. 为什么要把甘薯渣加工成酒制品？
2. 怎样用甘薯渣制备酒制品？
3. 甘薯渣酒制品的特点及用途

1. 为什么要把甘薯渣加工成酒制品?

　　传统的酒制品是利用高粱、小麦、玉米、鲜红薯等含淀粉和糖类的粮食为原料（图9），通过高温蒸煮、发酵等工艺制备而成，该方法会消耗大量的粮食和能源。近年来，随着生物技术的不断进步以及研究的深入，越来越多的新型原料替代传统的粮食应用于酒制品的研究、开发中。

图9　制备酒制品的传统原料

　　甘薯渣中含有丰富的淀粉和膳食纤维，可作为酵母或酒曲发酵的糖原；并且甘薯渣中的淀粉含量较高，结构疏松，有利于蒸煮熟化，提高出酒率。因此，甘薯渣具有很大的潜力应用于酒制品加工中。此举不但可以提高淀粉加工企业的经济效益，减少污染；而且可以弥补粮食资源短缺的不足，为酒制品加工提供新的原料。

2. 怎样用甘薯渣制备酒制品？

（1）甘薯渣制备酒制品的辅料有哪些？

1）α-淀粉酶：由于酵母菌不能直接利用淀粉发酵生产乙醇，因此，在酒制品生产过程中若采用酵母菌进行发酵，前提是要对淀粉进行液化、糖化，使之水解转变为酵母菌可利用的葡萄糖，在此过程中需要采用淀粉酶对淀粉进行液化（图 10）。

淀粉酶　　　　淀粉链　　　　　　　葡萄糖

图 10　淀粉酶将淀粉分解为葡萄糖分子

2）复合型酶制剂：复合型酶制剂在 α-淀粉酶的基础上添加了一定比例的纤维素酶、果胶酶、植酸酶等酶制剂（图 11）。在甘薯渣液化和糖化阶段，复合酶制剂可以分解发酵原料中的部分纤维素、半纤维素、果胶和植酸，降低了糖化过程中醪液的黏度，并使包裹在膳食纤维中的淀粉颗粒游离出来，提高了淀粉与 α-淀粉酶的接触面积，使更多的淀粉分解为葡萄糖，从而可以提高后续发酵过程中葡萄糖的利用总量，提高原料的出酒率。

图 11　复合型酶制剂

3）酿酒酵母：酿酒酵母属于酵母菌科，单细胞，呈卵圆形或球形（图 12）。酿酒酵母可以将淀粉液化、糖化后形成的葡萄糖等单糖吸入细胞内，在无氧条件下，经过内酶的作用，把单糖分解为二氧化碳和乙醇。因此，酿酒酵母在制备酒制品时主要应用于发酵过程中，也就是在甘薯渣经过液化和糖化之后使用。

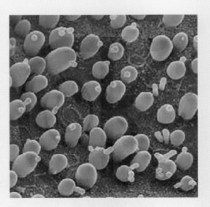

图 12　酿酒酵母的菌落形态

4）酒曲：在原始社会时，谷物因保藏不当，受潮后会发霉或发芽，发霉或发芽的谷物就可以发酵成酒。因此，这些发霉或发芽的谷物就是最原始的酒曲，也是发酵原料。现在我们是在经过强烈蒸煮的白米中，移入曲霉的分生孢子，然后保温，米粒上即生长出菌丝，这就是我们常见的酒曲。

酒曲是含根霉、米曲霉等多种糖化酶和酵母菌的一种载体，具有糖化和发酵作用，因此，若利用酒曲制备酒制品，则不用经过淀粉酶或复合酶的糖化步骤，可直接将其与甘薯渣混合来制作酒制品。

（2）利用甘薯渣制备酒制品的工艺有哪些？

1）工艺流程：根据酿酒酵母和酒曲的不同，我们可以采用两种方法制备酒制品（图13）。一种方法是以甘薯渣为原料，经过压滤脱水、加酶液化和糖化、酵母菌发酵、蒸馏制备酒制品。另一种方法是以甘薯渣为原料，经过压滤脱水、蒸料、摊凉、拌曲、发酵、蒸馏制备酒制品。考虑到工艺的简便性、可操作性及酒制品的质量，第二种方法的应用范围非常广泛。

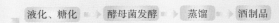

液化、糖化 ➤ 酵母菌发酵 ➤ 蒸馏 ➤ 酒制品

甘薯渣 ➤ 压滤脱水

蒸料 ➤ 摊凉 ➤ 拌曲 ➤ 发酵 ➤ 蒸馏 ➤ 酒制品

图 13　甘薯渣制备酒制品的工艺流程

2）主要操作步骤：下面我们对上述第二种方法的操作步骤和要点进行详细的说明。在了解了甘薯渣制酒的工艺后，大家可以在家里尝试制作。

① 甘薯渣：用于加工酒制品的甘薯渣应清洁、卫生、无霉变；否则会导致酒醅污染，给成品酒带来不良气味。

② 压滤脱水：新鲜甘薯渣的含水量很高，为70%~90%，若直接加热，易黏糊，不易于蒸熟，进而影响发酵效率。因此，必须挤出部分水分，以甘薯渣可捏成团、一触即散为宜。产业化生产时可以采用压滤机进行脱水，家庭制酒可以采用自制布袋进行脱水。

③ 蒸料：可将压滤后的甘薯渣与部分淀粉、大米粉等混合，上蒸屉蒸熟。

④ 摊凉：将蒸熟后的甘薯渣摊于晾席上，冷至30~35℃。

⑤ 拌曲：按甘薯渣3%~5%的比例加入酒曲，搅拌均匀，好氧发酵一天。

⑥ 发酵：好氧发酵一天后，酒曲生命力更加旺盛，转入发酵池内，将瓶口封严，30~32℃发酵7天。

⑦ 蒸馏：发酵结束后，采用蒸馏设备对发酵液进行蒸馏，以去除杂醇类物质，所得清澈液体即为甘薯酒制品。

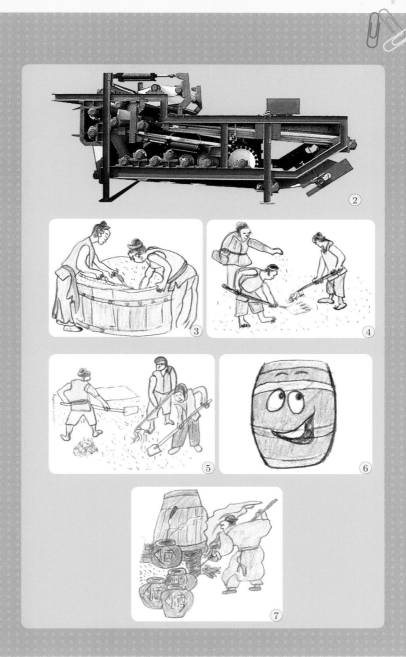

② ③ ④ ⑤ ⑥ ⑦

3. 甘薯渣酒制品的特点及用途

在制酒过程中一般是采用新鲜的甘薯渣为原料，因此制备的酒制品无色透明、香气纯正、滋味醇和，具有甘薯的特殊风味，酒质较好。另外，甘薯渣酒制品用途颇多（图14）。例如，甘薯渣酒含有碱性物质及多种有机酸，能增强人体内的新陈代谢；每天饭后饮用一小杯温热的甘薯渣酒，可以降低血液中葡萄糖的水平，预防和改善糖代谢异常；当感冒时，可以将一小杯甘薯渣酒在火上加热，打一只鸡蛋倒在酒里，然后用筷子或汤匙搅拌一下即停止加热，待凉温后便可饮用，这就是医治感冒所谓的鸡蛋酒；在水壶中加一小匙甘薯渣酒，能避免水变味；煎鱼时，在锅里喷洒半小杯甘薯渣酒，可以防止鱼皮黏锅；也可以在火腿的切口处涂抹一些甘薯渣酒，从而保持火腿新鲜、不变质等。

图 14　甘薯渣酒制品

四、甘薯渣在柠檬酸钙加工中的应用

1. 你了解柠檬酸钙吗？
2. 为什么要用甘薯渣制备柠檬酸钙？
3. 怎样利用甘薯渣制备柠檬酸钙？
4. 柠檬酸钙对人体有哪些作用？

1. 你了解柠檬酸钙吗？

柠檬酸钙是一种白色结晶粉末（图15），难溶于水，吸湿性较小。在工业中常作为螯合剂、缓冲剂、组织凝固剂、钙强化剂等。柠檬酸钙的含钙量高、生物利用度高，且无明显味道，被广泛应用于果汁、乳制品、固体饮料、运动饮料、保健品和婴儿配方食品中。此外，柠檬酸钙也是柠檬酸的中间产品，可进一步加工制成柠檬酸，而柠檬酸是食品、化工、医药、机械、纺织等工业的重要原料。

图15　柠檬酸钙

2. 为什么要用甘薯渣制备柠檬酸钙？

目前，常用的柠檬酸钙制备方法是用石灰乳中和柠檬酸溶液，经过滤、洗涤、干燥得成品。也可以蛋壳为原料，经清洗、粉碎、煅烧制成石灰乳，然后用柠檬酸溶液中和，再经过滤、洗涤、干燥得成品。上述工艺操作烦琐，碳酸钙的煅烧程度、氧化钙含量、氢氧化钙的纯度是影响柠檬酸钙质量的关键点，极易发生质量问题。

以甘薯渣为原料，采用生物发酵法制备柠檬酸钙，工艺成熟、设备要求简单、投资少、见效快。据测算，每 3 吨甘薯渣可制备 1 吨柠檬酸钙成品，利润约 5000 元。此外，发酵后的曲渣是良好的养猪饲料，从而节约粮食，可谓一举多得。

3. 怎样利用甘薯渣制备柠檬酸钙？

(1) 工艺流程

甘薯渣制备柠檬酸钙主要以甘薯渣为原料，经过制曲、曲室培养、柠檬酸提取、碳酸钙中和、离心脱水、烘干等工艺制备而成（图 16）。

图 16　甘薯渣制备柠檬酸钙的工艺流程

(2) 主要操作步骤

1）原料的选择：柠檬酸钙制备过程中用到的甘薯渣可以是干渣，也可以是湿渣。湿渣的含水量在 70%~90%，干渣要求干净、无霉变、无异味。若用干渣，则需要洒水将其破碎成粒径 2 ~ 4mm 的粗料和 2mm 以下的细料。此外，由于黑曲霉在发酵时需要适量的氮源，因此，在制曲前需拌入米糠或者麸皮。

2）制曲：柠檬酸生产用黑曲霉的孢子，从斜面到一级种、二级种逐渐扩大培养。接种后的曲料立刻装盘，盘子用马口铁或搪瓷做成，曲料疏松，厚度 4 ~ 7cm，然后放在无菌曲室架上发酵培养。

3）曲室培养：曲室湿度保持在 85% ~ 90%。培养 48h 后应每隔 12h 测定 1 次酸度，一般培养 96h，柠檬酸生成量达最高后，必须出曲，停止发酵。

4）柠檬酸的提取：出曲后应迅速在曲池中用水浸出柠檬酸，待曲渣中柠檬酸含量在 0.5% 以下时不再浸取。浸取液先用自然过滤法除去曲渣等杂质，然后加热到 65℃，除去蛋白质、酶、菌体、孢子等其他杂质。将除去杂质的清液在 60℃ 下搅拌，缓慢加入碳酸钙，至温度升到 90℃，反应 0.5h，中和终点用氢氧化钠滴定。此时，柠檬酸已成钙盐沉淀析出，将柠檬酸钙用离心机脱水后于 90 ~ 95℃ 烘至含水量 14% 以内时，即可冷却装袋。

4. 柠檬酸钙对人体有哪些作用？

柠檬酸钙中的钙属于阳离子钙，具有壮骨、健牙、消炎、镇痛、维持神经与肌肉的正常兴奋性、治疗过敏性疾病的功效。适量食用对儿童、孕妇、老人有非常大的益处。

（1）儿童服用柠檬酸钙的好处

少年儿童处于生长发育的关键阶段，缺钙易导致儿童厌食、偏食，不易入睡、易惊醒、易感冒，颈部易出汗，头发稀疏，智力发育迟缓，学步晚，出牙晚或出牙不整齐，阵发性腹痛腹泻，X 型腿或 O 型腿，鸡胸等。每天适量服用含有柠檬酸钙的钙片，可以提高儿童骨骼中钙更新的速度，调节肠胃功能，促进大脑发育等。

(2) 青少年服用柠檬酸钙的好处

　　青少年处于学习成长的关键阶段，课业较多，体育锻炼较为缺乏，更应该在饮食中增加钙的摄入。青少年若每天适量服用含柠檬酸钙的钙片，可以缓解或消除腿软、抽筋、上课精力不集中、易疲劳、容易倦怠、腰酸背痛、免疫力低、蛀牙或牙齿发育不良、易过敏、易感冒等缺钙症状。

(3) 孕妇服用柠檬酸钙的好处

　　每个孕妇都需要补钙是众所周知的事情，因为胎儿骨骼形成所需要的钙完全来源于母体，准妈妈消耗的钙量远远大于普通人。适量服用柠檬酸钙可以缓解准妈妈在怀孕期间出现的抽筋乏力、关节痛、头晕、贫血、产前高血

压综合征、水肿及哺乳期内出现的乳汁分泌不足等症状。

(4) 老年人服用柠檬酸钙的好处

随着年龄的逐渐增长，骨骼中钙流失会逐渐加重，从而导致骨质疏松、骨头变脆等。此外，老年人新陈代谢慢，消化功能减弱，对钙的需求量也相对增加。适量服用含有柠檬酸钙的钙片可以缓解老年人皮肤瘙痒，脚后跟疼，腰椎颈椎疼痛，牙齿松动、脱落，明显驼背，身高降低，食欲减退，消化道溃疡，多梦、失眠，烦躁、易怒等症状。

中国农业科学院农产品加工研究所
薯类加工创新团队

研究方向

薯类加工与综合利用。

研究内容

薯类加工适宜性评价与专用品种筛选；薯类淀粉及其衍生产品加工；薯类加工副产物综合利用；薯类功效成分提取及作用机制；薯类主食产品加工工艺及质量控制；薯类休闲食品加工工艺及质量控制；超高压技术在薯类加工中的应用。

团队首席科学家

木泰华 研究员

团队概况

　　现有科研人员 8 名，其中研究员 2 名，副研究员 2 名，助理研究员 3 名，科研助理 1 名。2003~2018 年期间共培养博士后及研究生 79 人，其中博士后 4 名，博士研究生 25 名，硕士研究生 50 名。近年来主持或参加国家重点研发计划项目 - 政府间国际科技创新合作重点专项、"863" 计划、"十一五""十二五"国家科技支撑计划、国家自然科学基金项目、公益性行业（农业）科研专项、现代农业产业技术体系建设专项、科技部科研院所技术开发研究专项、科技部农业科技成果转化资金项目、"948" 计划等项目或课题 68 项。

主要研究成果

甘薯蛋白

- 采用膜滤与酸沉相结合的技术回收甘薯淀粉加工废液中的蛋白。
- 纯度达 85%，提取率达 83%。
- 具有良好的物化功能特性，可作为乳化剂替代物。
- 具有良好的保健特性，如抗氧化、抗肿瘤、降血脂等。

- 获省部级及学会奖励3项，通过省部级科技成果鉴定及评价3项，获授权国家发明专利3项，出版专著3部，发表学术论文41篇，其中SCI收录20篇。

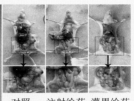

对照　注射给药　灌胃给药

甘薯颗粒全粉

- 是一种新型的脱水制品，可保存新鲜甘薯中丰富的营养成分。
- "一步热处理结合气流干燥"技术制备甘薯颗粒全粉，简化了生产工艺，有效地提高了甘薯颗粒全粉细胞的完整度。
- 在生产过程中用水少，废液排放量少，应用范围广泛。
- 通过农业部科技成果鉴定1项，获授权国家发明专利2项，出版专著1部，发表学术论文10篇。

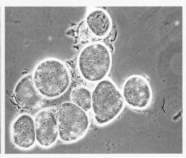

甘薯膳食纤维及果胶

- 甘薯膳食纤维筛分技术与果胶提取技术相结合，形成了一套完整的连续化生产工艺。

- 甘薯膳食纤维具有良好的物化功能特性；大型甘薯淀粉厂产生的废渣可以作为提取膳食纤维的优质原料。
- 甘薯果胶具有良好的乳化能力和乳化稳定性；改性甘薯果胶具有良好的抗肿瘤活性。
- 获省部级及学会奖励 3 项，通过农业部科技成果鉴定 1 项，获得授权国家发明专利 3 项，发表学术论文 25 篇，其中 SCI 收录 9 篇。

甘薯茎尖多酚

甘薯茎尖多酚

- 主要由酚酸（绿原酸及其衍生物）和类黄酮（芦丁、槲皮素等）组成。
- 具有抗氧化、抗动脉硬化，防治冠心病与中风等心脑血管疾病，抑菌、抗癌等许多生理功能。
- 获授权国家发明专利 1 项，发表学术论文 8 篇，其中 SCI 收录 4 篇。

紫甘薯花青素

- 与葡萄、蓝莓、紫玉米等来源的花青素相比，具有较好的光热稳定性。

- 抗氧化活性是维生素 C 的 20 倍，维生素 E 的 50 倍。

- 具有保肝，抗高血糖、高血压，增强记忆力及抗动脉粥样硬化等生理功能。

- 获授权国家发明专利 1 项，发表学术论文 4 篇，其中 SCI 收录 2 篇。

马铃薯馒头

- 以优质马铃薯全粉和小麦粉为主要原料，采用新型降黏技术，优化搅拌、发酵工艺，经过由外及里再由里及外地醒发等独创工艺和一次发酵技术等多项专利蒸制而成。

- 突破了马铃薯馒头发酵难、成型难、口感硬等技术难题，成功将马铃薯粉占比提高到 40% 以上。

- 马铃薯馒头具有马铃薯特有的风味，同时保存了小麦原有的麦香风味,芳香浓郁,口感松软。马铃薯馒头富含蛋白质,必需氨基酸含量丰富,可与牛奶、鸡蛋蛋白质相媲美,更符合WHO/FAO的氨基

酸推荐模式,易于消化吸收;维生素、膳食纤维和矿物质(钾、磷、钙等)含量丰富,营养均衡,抗氧化活性高于普通小麦馒头,男女老少皆宜,是一种营养保健的新型主食,市场前景广阔。

- 获授权国家发明专利 5 项,发表相关论文 3 篇。

马铃薯面包

- 马铃薯面包以优质马铃薯全粉和小麦粉为主要原料,采用新型降黏技术等多项专利、创新工艺及 3D 环绕立体加热焙烤而成。

- 突破了马铃薯面包成型和发酵难、体积小、质地硬等技术难题,成功将马铃薯粉占比提高到 40% 以上。

- 马铃薯面包风味独特,集马铃薯特有风味与纯正的麦香风味于一体,鲜美可口,软硬适中。

- 获授权国家发明专利 1 项,发表相关论文 3 篇。

马铃薯焙烤系列休闲食品

- 以马铃薯全粉及小麦粉为主要原料,通过配方优化与改良,采用先进的焙烤工艺精制而成。

- 添加马铃薯全粉后所得的马铃薯焙烤系列食品风味更浓郁、营养更丰富、食用更健康。
- 马铃薯焙烤类系列休闲食品包括：马铃薯磅蛋糕、马铃薯卡思提亚蛋糕、马铃薯冰冻曲奇以及马铃薯千层酥塔等。
- 获授权国家发明专利 4 项。

成果转化

1. 成果鉴定及评价

（1）甘薯蛋白生产技术及功能特性研究（农科果鉴字 [2006] 第 034 号），成果被鉴定为国际先进水平；

（2）甘薯淀粉加工废渣中膳食纤维果胶提取工艺及其功能特性的研究（农科果鉴字 [2010] 第 28 号），成果被鉴定为国际先进水平；

（3）甘薯颗粒全粉生产工艺和品质评价指标的研究与应用（农科果鉴字 [2011] 第 31 号），成果被鉴定为国际先进水平；

（4）变性甘薯蛋白生产工艺及其特性研究（农科果鉴字 [2013] 第 33 号），成果被鉴定为国际先进水平；

（5）甘薯淀粉生产及副产物高值化利用关键技术研究与应用 [中农（评价）字 [2014] 第 08 号]，成果被评价为国际先进水平。

2. 获授权专利

（1）甘薯蛋白及其生产技术，专利号：ZL200410068964.6；

（2）甘薯果胶及其制备方法，专利号：ZL200610065633.6；

（3）一种胰蛋白酶抑制剂的灭菌方法，专利号：ZL200710177342.0；

（4）一种从甘薯渣中提取果胶的新方法，专利号：ZL200810116671.9；

（5）甘薯提取物及其应用，专利号：ZL200910089215.4；

（6）一种制备甘薯全粉的方法，专利号：ZL200910077799.3；

（7）一种从薯类淀粉加工废液中提取蛋白的新方法，专利号：ZL201110190167.5；

（8）一种甘薯茎叶多酚及其制备方法，专利号：ZL201310325014.6；

（9）一种提取花青素的方法，专利号：ZL201310082784.2；

（10）一种提取膳食纤维的方法，专利号：ZL201310183303.7；

（11）一种制备乳清蛋白水解多肽的方法，专利号：ZL201110414551.9；

（12）一种甘薯颗粒全粉制品细胞完整度稳定性的辅助判别方法，专利号：ZL 201310234758.7；

（13）甘薯 Sporamin 蛋白在制备预防和治疗肿瘤药物及保健品中的应用，专利号：ZL201010131741.5；

（14）一种全薯类花卷及其制备方法，专利号：ZL201410679873.X；

（15）提高无面筋蛋白面团发酵性能的改良剂、制备方法及应用，专利号：ZL201410453329.3；

（16）一种全薯类煎饼及其制备方法，专利号：ZL201410680114.6；

（17）一种马铃薯花卷及其制备方法，专利号：ZL201410679874.4；

（18）一种马铃薯渣无面筋蛋白饺子皮及其加工方法，专利号：ZL201410679864.0；

（19）一种马铃薯馒头及其制备方法，专利号：ZL201410679527.1；

（20）一种马铃薯发糕及其制备方法，专利号：ZL201410679904.1；

（21）一种马铃薯蛋糕及其制备方法，专利号：ZL201410681369.3 ；

（22）一种提取果胶的方法，专利号：ZL201310247157.X；

（23）改善无面筋蛋白面团发酵性能及营养特性的方法，专利号：ZL201410356339.5；

（24）一种马铃薯渣无面筋蛋白油条及其制作方法，专利号：ZL201410680265.0；

（25）一种马铃薯煎饼及其制备方法，专利号：ZL201410680253.8；

（26）一种全薯类发糕及其制备方法，专利号：ZL201410682330.3；

（27）一种马铃薯饼干及其制备方法，专利号：ZL201410679850.9；

（28）一种全薯类蛋糕及其制备方法，专利号：ZL201410682327.1；

（29）一种由全薯类原料制成的面包及其制备方法，专利号：

ZL201410681340.5；

（30）一种全薯类无明矾油条及其制备方法，专利号：ZL201410680385.0；

（31）一种全薯类馒头及其制备方法，专利号：ZL201410680384.6；

（32）一种马铃薯膳食纤维面包及其制作方法，专利号：ZL201410679921.5；

（33）一种马铃薯渣无面筋蛋白窝窝头及其制作方法，专利号：ZL201410679902.2。

3. 可转化项目

（1）甘薯颗粒全粉生产技术；

（2）甘薯蛋白生产技术；

（3）甘薯膳食纤维生产技术；

（4）甘薯果胶生产技术；

（5）甘薯多酚生产技术；

（6）甘薯茎叶青汁粉生产技术；

（7）紫甘薯花青素生产技术；

（8）马铃薯发酵主食及复配粉生产技术；

（9）马铃薯非发酵主食及复配粉生产技术；

（10）马铃薯饼干系列食品生产技术；

（11）马铃薯蛋糕系列食品生产技术。

联系方式

联系电话：+86-10-62815541

电子邮箱：mutaihua@126.com

联系地址：北京市海淀区圆明园西路 2 号中国农业科学院
农产品加工研究所科研 1 号楼

邮　　编：100193